Hundertwasser

Scheißkultur

Die grüne Reihe

SUKULTUR
2022

Die grüne Reihe wird
herausgegeben von Tobias Roth
illustriert von Petrus Akkordeon
lektoriert von Moritz Müller-Schwefe

Die grüne Reihe, Band 3
ein SUKULTUR-Produkt

1. Auflage Mai 2022

Texte und Illustrationen: Hundertwasser
Abdruck mit freundlicher Genehmigung der
Hundertwasser Gemeinnützigen
Privatstiftung, Wien
www.hundertwasser.com
Cover: Petrus Akkordeon
Druck: DDZ-Berlin

SUKULTUR, Wachsmuthstr. 9, 13467 Berlin
post@sukultur.de · www.sukultur.de

ISBN 978-3-95566-144-1

Hundertwasser
Scheißkultur

SUKULTUR

Die grüne Reihe versammelt Texte des Gartens. Texte über den, aus dem, durch den und für den Garten. Es geht um praktische Tipps, theoretische Überlegung, betrachtende Begeisterung, wütende Analyse, peinliche Erkenntnis, betrübten Befund und das Erlebnis der Schönheit.

Garten bezeichnet ein Denkbild, bezeichnet aber ebenso den Planeten: Im besten Falle habe ich einen Garten im Hirn, in jedem Falle umkreise ich auf einem Garten die Sonne. Endlichkeit charakterisiert jeden Garten und sein Erlebnis. Endlichkeit gebietet aber auch mit Dringlichkeit die schlechthinnige Veränderung unserer Gesellschaftsform. Garten kann ein Wegweiser und Vehikel dieser Veränderung sein. Am Garten hängt, nach Garten drängt doch alles! Sage mir, wie du gärtnerst, und ich sage dir, wer du bist; der Garten liegt im Auge des Betrachters; Gärtnerinnen aller Länder, vereinigt euch; dem Garten kann geholfen werden.

Hundertwasser

Scheißkultur – die heilige Scheiße

1979/1980

Ich möchte über die Hauptursache des Zerfalls unserer Zivilisation sprechen.

Die Vegetation hat Jahrmillionen gebraucht, um die Schleimnis, die Giftstoffe zuzudecken mit einer Humusschicht, einer Vegetationsschicht, einer Sauerstoffschicht, damit der Mensch auf Erden leben kann.

Und dieser undankbare Mensch holt eben diese mit langwieriger kosmischer Mühe zugedeckte Schleimnis und eben diese Giftstoffe wieder an die Oberfläche.

So wird durch die Untat des verantwortungslosen Menschen das Ende der Welt zum Anfang aller Zeiten. Wir begehen Selbstmord.

Unsere Städte sind Krebsgeschwüre. Von oben sieht man das genau.

Wir essen nicht das, was bei uns wächst, wir holen Essen von weit her, aus Afrika, Amerika, China und Neuseeland.

Die Scheiße behalten wir nicht. Unser Unrat, unser Abfall wird weit weggeschwemmt. Wir vergiften damit Flüsse, Seen und Meere, oder wir transportieren sie in hochkomplizierte teure Kläranlagen, selten in zentralisierte Kompostfabriken, oder aber unser Abfall wird vernichtet. Die Scheiße kommt nie auf unsere Felder zurück, auch nie dorthin, wo das Essen herkommt.

Der Kreislauf vom Essen zur Scheiße funktioniert. Der Kreislauf von der Scheiße zum Essen ist unterbrochen.

Wir machen uns einen falschen Begriff über unseren Abfall.

Jedesmal, wenn wir die Wasserspülung betätigen, im Glauben, eine hygienische Handlung zu vollziehen, verstoßen wir gegen kosmische Gesetze, denn in Wahrheit ist es eine gottlose Tat, eine frevelhafte Geste des Todes.

Wenn wir auf die Toilette gehen, von innen zusperren und unsere Scheiße wegspülen, ziehen wir einen Schlußstrich. Warum schämen wir uns? Wovor haben wir Angst?

Was mit unserer Scheiße nachher geschieht, verdrängen wir, wie den Tod. Das Klosettloch erscheint uns wie das Tor in den Tod, nur rasch weg davon, nur schnell vergessen, die Fäulnis und Verwesung.

Dabei ist es gerade umgekehrt. Mit der Scheiße beginnt erst das Leben.

Die Scheiße ist viel wichtiger als das Essen. Das Essen erhält nur eine Menschheit, die sich massenweise vermehrt, an Qualität sich vermindert und eine Todesgefahr für die Erde geworden ist, eine Todesgefahr für die Vegetation, die Tierwelt, das Wasser, die Luft, die Humusschicht.

Scheiße aber ist der Baustein unserer Wiederauferstehung.

Seit der Mensch denken kann, versucht er, unsterblich zu sein. Der Mensch will eine Seele haben.

Die Scheiße ist unsere Seele. Durch die Scheiße können wir überleben. Durch die Scheiße werden wir unsterblich.

Warum haben wir Angst vor dem Tod? Wer eine Humustoilette benützt, hat keine Angst vor dem Tod, denn unsere Scheiße macht unsere Wiedergeburt möglich.

Wenn wir unsere Scheiße nicht schätzen und in Humus umwandeln zu Ehren Gottes und der Welt, verlieren wir unsere Berechtigung, auf der Erde anwesend sein zu dürfen.

Im Namen falscher Hygienegesetze verlieren wir unsere kosmische Substanz, verlieren wir unsere Wiedergeburt.

Schmutz ist Leben. Sterile Sauberkeit ist der Tod. Du sollst nicht töten, doch wir sterilisieren alles Leben mit Gift und Beton. Das ist Mord.

Der Mensch ist nur ein Rohr. Auf der einen Seite gibt er Dinge hinein, auf der anderen kommen sie verdaut heraus.

Der Mund ist vorne, der After hinten. Warum? Umgekehrt sollte es sein. Wieso ist speisen positiv? Wieso ist Scheiße negativ?

Was aus uns herauskommt, ist kein Abfall, sondern der Baustein der Welt, unser Gold, unser Blut. Wir verbluten, unsere Zivilisation verblutet, unsere Erde verblutet durch die wahnwitzige Unterbrechung des Kreislaufes. Wer immer zur Ader läßt, immer nur Blut verliert und nicht durch neues ersetzt, der verblutet. Freud hatte recht, als er in der

Traumdeutung sagte: Scheiße ist Synonym für Gold. Daß es nicht nur ein Traum ist, sondern Wirklichkeit, müssen wir jetzt feststellen.

Als Pasolini in einem Film Schauspieler Scheiße essen ließ, war das ein Symbol des Kreislaufschließens, ein verzweifeltes Beschleunigen-Wollen.

Dieselbe Liebe, dieselbe Zeit und Sorgfalt muß aufgewendet werden für das, was »hinten« herauskommt, wie für das, was »vorne« hineinkommt.

Dieselbe Zeremonie wie beim Speisen, mit Tischdecken, Messer, Gabel, Löffel, chinesische Eßstäbchen, Silberbesteck und Kerzenlicht.

Wir haben Tischgebete vor und nach dem Essen. Beim Scheißen betet niemand.

Wir danken Gott für unser tägliches Brot, das aus der Erde kommt, wir beten aber nicht, auf daß sich unsere Scheiße wieder in Erde umwandle.

Abfälle sind schön. Das Sortieren und Wiedereingliedern der Abfälle ist eine frohe Tätigkeit.

Diese Tätigkeit spielt sich nicht in Kellern und Hinterhöfen, auf Miststätten, Toiletten und Aborten ab, sondern dort, wo wir leben, wo Licht und Sonne ist, im Wohnzimmer, in unserem Prunkraum.

Es gibt keine Abfälle. Abfälle existieren nicht.

Die Humustoilette ist ein Statussymbol.

Wir haben das Privileg, Zeuge zu sein, wie sich mit Hilfe unserer Weisheit unser eigener Abfall, unsere eigene Scheiße in Humus umwandelt, so wie der Baum wächst und die Ernte reift. Bei uns zu Hause, als wär's unser eigener Sohn.

Homo – Humus – Humanitas, drei Schicksalswörter gleichen Ursprungs.

Humus ist das wahre schwarze Gold.

Humus hat einen guten Geruch.

Humusduft ist heiliger und Gott näher, als der Geruch von Weihrauch. Wer nach dem Regen im Wald spazierengeht, kennt diesen Geruch.

Natürlich ist es etwas Ungeheuerliches, wenn der Abfallkübel in den Mittelpunkt unserer Wohnung kommt und die Humustoilette auf dem schönsten Platz zum Ehrensitz wird.

Das ist jedoch genau die Kehrwendung, die unsere Gesellschaft, unsere Zivilisation jetzt nehmen muß, wenn sie überleben will.

Der Humusgeruch ist der Geruch Gottes, der Geruch der Wiederauferstehung, der Geruch der Unsterblichkeit.

Hundertwasser

Humustoilette und Wasserreinigung.

Brief an Alex Wade

1982/83

Lieber Alex Wade,

ich habe eine ziemlich lange Erfahrung mit Humustoiletten (7 Jahre) und der Pflanzenkläranlage (5 Jahre).

Dies sind zwei verschiedene Themen, die sich aber verbinden lassen. Beide, insbesondere die Humustoilette, funktionieren gut. Allerdings mit einer Einschränkung: Sie funktionieren nur bei mir und ein paar engen, sehr verständnisvollen Freunden. Ich würde nie mit jemandem arbeiten, der die herkömmliche »Zieh-« und »Spül-Mentalität« hat. Ich bezweifle, daß man dem normalen Durchschnittsmenschen, der nicht seit frühester Kindheit dazu erzogen wurde, seine eigene Scheiße so wie Humuserde und sauberes Wasser zu schätzen, zu diesem Zeitpunkt kostengünstige Kompostiertoiletten aufzwingen kann.

Ich besitze alle Bücher, die zum Thema Humustoiletten erschienen sind: »Stop the Five Gallon Flush« (Stoppen Sie die 20-Liter Spülung), »Toilette Papers« (Toilettenpapiere), »Goodbye to the Flush Toilet« (Schluß mit Wasserspültoiletten) sowie Studien und Berichte amerikanischer, schwedischer und norwegischer Hersteller, etwa Biocycle (Biozyklus) etc.

Ich kaufte von der schwedischen Firma Mullbänk skandinavische Humustoiletten aus Plastik mit elektrisch betriebenem Abfluß und Abzug, Heizstäben und einem Trittbrett aus Holz. Ich ließ sie mir nach Neuseeland und Wien schicken. Als sie eintrafen, waren viele Teile zerbrochen. Ich mußte Ersatzteile bestellen und viel Zoll dafür bezahlen. Ich war gar nicht zufrieden. Außerdem gefiel mir nicht, daß die Toilette mit Elektrizität betrieben wurde. Das Summen des Belüftungssystems! (Warum zur Natur zurückkehren, wenn man dann, wie beim Zahnarzt, ständig einem technischen Geräusch ausgeliefert ist?) Mir gefiel auch das Design des Abflusses nicht (mehr wie der eines Kühlschranks).

Ich bin Künstler und leide unter allem Häßlichen. Häßliche Dinge funktionieren nie. Der Clivus ist häßlich, der häßlichste Teil ist in der »Unterwelt« versteckt. Auch das Belüftungssystem, zum Abzug von Gerüchen und Einströmen frischer Luft, war nicht nach meinem Geschmack. Ich ging aufs Dach hinauf. Dort stank es. Ich fragte mich, was würde passieren, wenn zwei Millionen Menschen einer Stadt von der Größe Wiens Kompostiertoiletten mit Schornsteinabzügen hätten. Dann funktionierte er nicht wie im Prospekt beschrieben. Die Toilette trocknete aus, wenn ich abwesend war. Wenn überraschend Gäste kamen und drei Wochen blieben, war der Humus zu trocken, aber der Boden mit Urin überflutet. Denn die Flüssigkeiten sickerten durch den zu trockenen Humus und aus dem darunter liegenden Auffangbecken, das den Humus auffangen sollte, lief stinkender Urin.

Auch ist mir der Gedanke unsympathisch, daß Humustoiletten teuer sind und man sie, wie jedes andere technische Produkt, kaufen muß.

Aus diesem Grunde begann ich mit selbstgebauten Humustoiletten zu experimentieren, denn ich bin grundsätzlich von ihrem Nutzen überzeugt. Aber sie funktionieren noch nicht perfekt. Zum Beispiel fragte ich den Hersteller, wie ich eine Humustoilette auf einem Boot oder einer Jacht installieren könnte (ich weiß, Boote verschmutzen Häfen und Flüsse). Ich erhielt keine Antwort. Natürlich nicht. Denn an Bord gibt es nicht genug batteriegespeicherte Elektrizität für den Betrieb eines Mull Toa, Mullbänk, Bio Loo etc. und auch nicht genug Platz für den Clivus, der beinahe größer als ein Schiff ist.

Also baute ich zuerst kommerzielle Kompostiertoiletten nach, mit Abflußrohr und einer Kerosinlampe unter dem Behälter, um die Humus-Scheiße zu erwärmen.

Dann fand ich heraus, daß, wenn ich Küchenabfälle und Scheiße mit etwas Humuserde bedecke, weder Geruch entstand noch Fliegen angezogen wurden, ein Abfluß also nicht notwendig war. In diesem Zusammenhang las ich in einem der Bücher, daß die Belüftungssysteme von Kompostiertoiletten bis zu 60 % der Wärmeenergie einer Wohnung verbrauchen! Warum bemüht man sich, Energie zu sparen und zu speichern, wenn sie durch eine Humustoilette wieder verloren geht! Andererseits erzeugt Humus während des

Zersetzungsprozesses Wärme. Wenn es keinen Entlüftungsschornstein gibt, kann die Wärme nicht entweichen, sondern man gewinnt Wärme für den Wohnraum. Ein spezielles Belüftungssystem für die Toilette ist nicht erforderlich, die normale Raumbelüftung ist ausreichend. Der Toilettenbehälter sollte aber von unten belüftet werden, er sollte Löcher haben, damit die Luft von unten durch die Humusmasse geleitet werden und überschüssiges Wasser und Urin in ein darunter liegendes Auffangbecken abfließen kann.

Das Urinieren bleibt allerdings ein Problem. Dem interessanten Bericht eines französischen Wissenschaftlers entnahm ich, daß alle höher entwickelten Tiere, mit Ausnahme der Vögel, getrennte Öffnungen zur Ausscheidung flüssiger und fester Verdauungsrückstände haben. Sie haben tatsächlich zwei getrennte Ausscheidungssysteme für flüssige und feste Rückstände. Wie wir wissen, ist viel Energie erforderlich, um Flüssiges von Festem zu trennen. Müllverarbeitungsanlagen leiden unter den enorm hohen Kosten, die bei der Trennung der Flüssigkeiten von Feststoffen entstehen.

Die Trennung von Abfall in Flüssigkeiten, Feststoffe, Metalle, Kompost, Glas, Papier, Giftstoffe, Plastik, Fette und so weiter ist extrem teuer und kompliziert. Deshalb stellt sich die Frage: Warum mischen wir das, was die Natur mit großer Weisheit und Sorgfalt getrennt hat? Warum urinieren und scheißen wir in einen einzigen Behälter, wo unser Verdauungssystem vorher beides sorgfältig trennt? Diese Trennung muß doch einen Sinn haben?

Der Mensch benutzt die Toilette häufig, etwa fünfmal am Tag: einmal zur Ausscheidung von Festem und etwa viermal von Flüssigkeiten. Sowohl Männer als auch Frauen behaupten, sie könnten beim Ausscheiden der Feststoffe die Flüssigkeit nicht einhalten. Das ist zwar fraglich, aber okay. Aber die vier anderen Male benutzen sie die Toilette nur zum Urinieren!

Eine Kompostiertoilette ohne Heizungssystem funktioniert nur bei kleinen Urinmengen. Auf der Suche nach einem getrennten System zur Reinigung von Abwässern mit hoch entwickelten Pflanzen stieß ich auf ein System, das von Dr. Käthe Seidel in Krefeld, Deutschland, entwickelt wurde. Sie hatte Behälter, die mit Wasserpflanzen auf einem Kiesbett gefüllt waren, stufenförmig nebeneinander angeordnet. Extrem schmutziges Abwasser war (nach Durchlaufen der einzelnen Becken) im letzten Behälter kristallklar. Sie bepflanzte die Behälter mit verschiedenen Sorten von Schilfgräsern und Binsen, insbesondere mit Flechtbinse (Schoenoplectus lacustris, früher Scirpus lacustris genannt). Ich verwendete in wärmerem Klima und in Innenräumen Zypergras (Cyperus, eine artenreiche Sorte, die auch Papyrus einschließt), Winterschachtelhalm (Equisetum hyemale, das sich auch gut für kalte Klimazonen eignet), ganzjährige Wasserhyazinthen (z.B. Eichhornia crassipes) in warmem Klima, Sumpfgräser, auch schwimmende Wasserrosen und so weiter. Es gibt eine ungeheure Vielfalt von Wasserpflanzen, die Wasser reinigen. Praktisch tun das aber alle Pflanzen, auch solche, die keine Wasserpflanzen sind.

Pflanzen, die für die Wasserreinigung in Innenräumen geeignet sind: Zypergras (Cyperus alternifolius und diffusus), Calla (Calla zantedeschia), Spathiphyllum, Kalmus (Acorus calamus), viele Farne und andere Pflanzen, mit denen Sie experimentieren können, etwa tropischen Sumpfpflanzen.

Pflanzen für die Reinigung von Außengewässern: Alle Schilfe, Binsen, Rohrkolbenschilfe, Sumpfgräser, Flechtbinsen (Schoenoplectus lacustris), Wasserrosen, Winterschachtelhalm (Equisetum hyemale), Wasserschwertlilie (Iris pseudacorus), Wasserhyazinthe (z.B. Eichhornia crassipes), Sumpfdotterblumen, Calla (Calla palustris), Wasserwegerich, Orontium Aquaticum und so weiter. Sie können den Wasserstand mit flexiblen Abflüssen oder Rohren mit Gelenken regulieren.

Der Schmutz im Abwasser wird in Pflanzensubstanz verwandelt. Sie sollten deshalb viele unterschiedliche Pflanzen verwenden, denn jede Pflanze erfüllt eine andere Reinigungsfunktion. Das gereinigte Wasser im letzten Behälter sollte ab und zu noch einmal in das höchstgelegene Pflanzengefäß, welches das schmutzige Wasser aufnimmt, zurückgegossen werden: jede Stunde, einmal am Tag, einmal pro Woche, ganz wie Sie möchten und wie es Ihren Pflanzen bekommt.

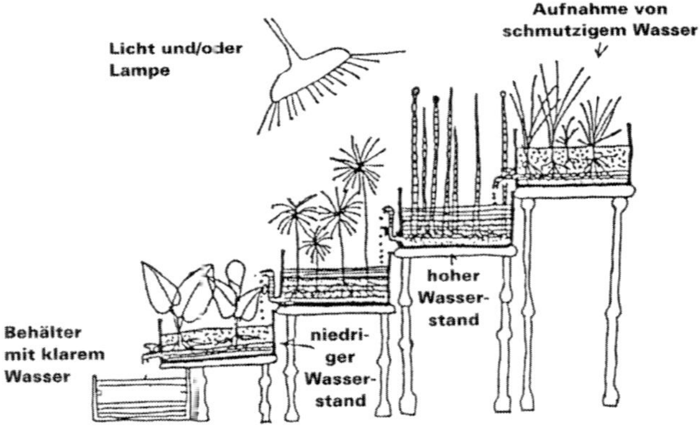

Sobald man Wasser in das oberste Gefäß gießt, wird eine (durch alle Behälter fließende) Kaskade in Gang gesetzt, die den beruhigenden Klang eines kleinen Wasserfalls oder Bergbächleins im eigenen Wohnraum verbreitet!

Es ist, als legte man eine Platte auf oder stellte Musik an, als spielte man Bach. »Bach« ist auch der Ausdruck für »kleines Flüsschen«, »kleiner Strom«. Wie bei einem Plattenspieler hat man für etwa eine Stunde Musik.

Das Wasser sollte von Behälter zu Behälter plätschern und Sauerstoff erzeugen. Das Oberflächenwasser jedes Behälters sollte auf den Grund des nächsten Beckens sinken, so daß die Wurzeln der Pflanzen mit Luft in Kontakt kommen. Diese reziproke Aktion von Wasser und Luft ist für die Pflanzenwurzeln von Vorteil, es macht aus ihnen gesunde, schöne und kräftige Reinigungspflanzen.

Der Grundgedanke ist: einen Wassergarten mit schönen Pflanzen zu haben, die gleichzeitig die phantastische Funktion erfüllen, alle Haushaltsabwässer einschließlich Urin zu reinigen.

Ich glaube, eine Humustoilette läßt sich so konstruieren, daß überschüssige Flüssigkeit in eine Pflanzenkläranlage abgeleitet wird. Natürlich gilt auch hier: Der Durchschnittsmensch mit seiner Zieh- und Spül-Mentalität wird mit einer Pflanzenkläranlage schlecht umgehen können, denn sie erfordert Weisheit, ein liebevolles Verständnis für die Bedürfnisse der Pflanzen und Mikroben, egal ob sie aerobisch oder anaerobisch sind.

Und noch ein wichtiger Punkt: Für eine schöne Pflanzenkläranlage, die gleichzeitig ein bezaubernder kleiner Paradiesgarten ist, wird man alles tun, was die Pflanzen gut ernährt und sie gesund, schön und lebensfähig hält. Man wird sich hüten, Waschmittel und sonstige Gifte in Waschbecken und Badewanne zu geben, weil man weiß, daß es den Pflanzen schadet. Wer seinen Hund oder seine Katze liebt, gibt ihnen auch nichts Giftiges zu fressen, denn er möchte sie am Leben erhalten.

Bei einer Pflanzenkläranlage endet die Geschichte nicht beim Abflußloch der Toilette oder des Waschbeckens, denn es bleibt etwas viel Schöneres: ein neues Leben, ein neuer Anfang, eine Verpflichtung. Man wird versuchen, sein Wasser so sauber zu halten, wie man es bekommen hat, und man wird seinen Abfall in etwas Wertvolles verwandeln, nämlich Humus, und das in Freude und mit Genugtuung.

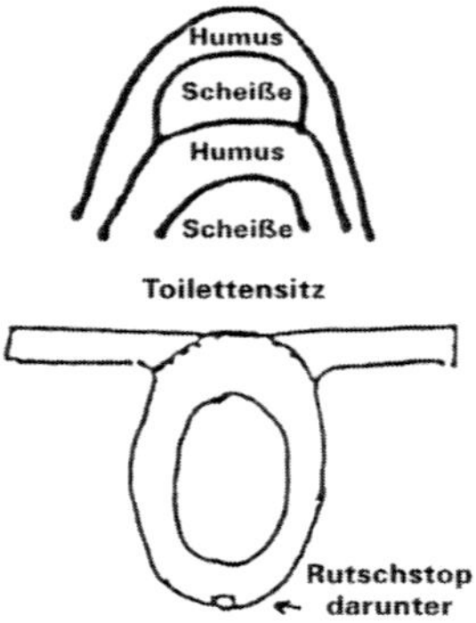

Hier eine sehr grobe Skizze einer tragbaren, selbstgefertigten Humustoilette aus Holz ohne Abfluß und Heizsystem. Es ist vorteilhaft, einen großen Plastikbehälter zu verwenden, in dessen Boden (mit einer erhitzten Eisenstange) Löcher eingebrannt werden. Man muß darauf achten, nicht immer auf die gleiche Stelle zu scheißen, damit sich keine Pyramide anhäuft, für deren Abdeckung sehr viel Humus verwendet werden müsste, d. h. man muß einen Weg finden, die Scheiße an die tiefen Stellen an den Seiten zu bringen. Deshalb empfiehlt sich, den Toilettensitz häufiger zu bewegen oder den Behälter zu drehen, was bei Plastikbehältern wie den französischen Poubelles – großen Mülltonnen aus Plastik – sehr einfach ist.

Ich benutze die folgende Methode, um die Scheiße – ohne sie mit der Schaufel und dem Toilettenpapier zu berühren – an die tiefen Stellen zu rücken. Verwenden Sie zum Abdecken so wenig Humus wie möglich. Das Toilettenpapier läßt sich leicht und ohne Verschmutzung mit einer Schaufel in den Humus drücken. Kommerzielle Humustoiletten haben einen großen Nachteil: Sie imitieren die Sitze der Wasserspültoiletten, damit die Benutzer ihre Scheiße nicht sehen müssen. Sie verschwindet wie bei einer Wasserspültoilette im Abflußrohr, ohne daß man sie wirklich mit Humus bedecken kann. Wenn man Humus und abgemähtes Gras hineinwirft, fallen sie irgendwo hin. Mit einer manuellen oder automatischen Steuerung wird die ganze Scheiße wieder obenauf gebracht, wodurch man dann wieder den für kommerzielle Humustoiletten typischen Gestank und Fliegen hat. Deshalb glaube ich, meine abflußlose Toilette ist besser, einfacher und einleuchtender. Wer seinen Abfall mit Humus bedeckt, tut genau das, was die Natur auch tut: Katzen und Hunde verscharren ihre Scheiße auf einem offenen Feld in der Erde, der Wald bedeckt Kadaver oder Abfall mit seinem Laub. Man fühlt sich besser, wenn man seinen Abfall mit Humus bedeckt. Ihn, wie bei allen konventionellen und kommerziellen Kompostiertoiletten, einfach in ein Becken plumpsen zu lassen, ist nicht genug. Es fehlt etwas. Es bleibt noch etwas zu tun, nämlich die sehr angenehme Beschäftigung, den eigenen Mist zu bedecken. Das dauert nicht länger als eine Minute. Erst dann hat man das wohltuende Gefühl, etwas getan und wirklich vollendet zu haben, so als hätte man eine Pflicht erfüllt.

Mein Toilettensitz ist mit einem Balken versehen und kann in jede gewünschte Position auf die Toilette gelegt werden, egal ob sie rund oder rechteckig ist. Während man den Abfall mit Humus bedeckt, kann er an einen Nagel gehängt werden.

Der Inhalt der Humustoilette und der Humus zum Abdecken sollten so feucht wie Waldboden, also nicht triefend naß sein, damit sich keine Fäulnisbakterien (Anaerobica) ansiedeln können.

Neben der Humustoilette sollte ein ebenso großer Behälter mit Humuserde zum Abdecken des Abfalls stehen.

Zum Starten einer Humustoilette braucht man die gleiche Menge Humus, die dem Fassungsvermögen der Toilette entspricht. Man braucht viel Humus. Der Abfall wird enorm schrumpfen, zuerst auf die Hälfte, in ein bis zwei Monaten auf ein Drittel oder ein Viertel. Wenn man zwei Jahre Zeit hat, stellt man fest, daß der Abfall auf »nichts« (d. h. ein Zehntel bis ein Zwanzigstel seines ursprünglichen Volumens und Gewichts) zusammengeschrumpft ist. Natürlich füllt jetzt der Humus, mit dem abgedeckt wurde, die ganze Toilette. Das ist ein Nachteil der Humustoilette ohne Abflussrohr. Zwei weitere Nachteile sind: Sie kann nur eine begrenzte Menge Flüssigkeit verarbeiten und braucht länger als eine beheizte Toilette, um den Abfall in Humus zu verwandeln. Aber dies ist kein wirklicher Nachteil. Man braucht aber mehr Platz. Denn wenn eine Humustoilette gefüllt ist und den Abfall in Humus verwandelt, muß eine neue Toilette begonnen werden. Nach zwei bis drei Monaten, man kann einige Male umschaufeln, hat man neuen, selbst hergestellten Humus, um seinen Abfall zu bedecken. Von da an braucht man keinen Humus zu kaufen. Im Gegenteil, man kann den überschüssigen Humus der Natur zurückbringen, wo man ihn geholt hat.

Wenn man Humus zum Abdecken des Abfalls verwendet, füllt sich die Toilette schneller. Aber dies ist nur ein scheinbarer Nachteil, denn nach einiger Zeit bleibt die Abfall-Humus-Relation konstant und es entsteht nur noch wenig überschüssiger Humus, den man für gute Zwecke verwenden kann:

1. um ihn aufs Grasdach zu bringen
2. zum Füllen der Blumentöpfe
3. man kann ihn nachts heimlich in öffentliche Parks bringen
4. man kann ihn einem Bauern abgeben
5. oder dem Wald zurückgeben.

Wer den Humus im Gemüsegarten verwenden möchte, sollte ihn ein Jahr länger kompostieren lassen.

Man benötigt mindestens drei große Behälter, zwei müssen zur Belüftung am Boden durchlöchert sein. Ärgern Sie sich nicht über den »verlorenen Platz«, den die Humustoilette in Ihrem Wohnraum einnimmt, denn es ist Erde, es ist Humus. Sie besitzen etwas Lebendiges, ein Stück Erde dieser Welt, die ebenso gut riecht wie Waldboden nach dem Regen. Der von der Humustoilette eingenommene Raum hat eine ebenso große Berechtigung wie der Raum, den Bücher oder Möbel einnehmen.

Den Humus kann man mit einem normalen Handsprühgerät mit Wasser feucht halten. Man kann ein Fliegengitter benutzen. Ich selbst halte Fliegengitter für nicht sehr nützlich. Wenn man seinen Abfall ordentlich mit Humus abdeckt, hat man keine Fliegen. Wenn man einen unschädlichen Spray verwendet, sollte man die Toilette für einige Minuten mit dem Deckel verschließen.

Für die Humustoilette kann man alles verwenden, was verrottet: Scheiße, Küchenabfälle, Salat, Grasschnitt, Haare, alle Sorten Papier, Toilettenpapier, Zeitungen, Packpapier, Teeblätter, Kaffeesatz, sogar verdorbenes Fleisch, Käse und Fisch (man braucht etwas mehr Humus, um sie sorgfältig abzudecken). Nicht zu viel Asche. Kein Plastik, keine Giftstoffe, kein Glas, Metall oder sperriges Holz. Knochen sind in Ordnung, aber ihre Zersetzung beansprucht mindestens fünf Jahre. Wolle ist zulässig, aber keine Kunststoffe, Nylon etc. Der zusammengefegte oder vom Staubsauger aufgesaugte Staub von Böden ist ebenso in Ordnung wie rostiges Eisen, Zigaretten, Tabak, Baumwolle. Fett nur in kleinen Mengen. Schimmeliges Brot ist perfekt.

In Wien experimentiere ich mit einer Pflanzenkläranlage mit künstlichem Licht (Halogenlampen, 250 Watt). Sie scheint zu funktionieren. So kann sogar künstliches Licht einen guten Zweck erfüllen: Es kann Pflanzen und Pflanzenkläranlagen (besonders in den USA, wo die Menschen das Licht die ganze Nacht brennen lassen) mit Energie und den Menschen mit Licht versorgen und ihnen gleichzeitig sauberes Wasser und, auch in Wohnungen mit wenig Tageslicht, grüne Pflanzen schenken. Ich empfehle Vorhänge aus lebenden Pflanzen, denn sie sind in der Lage, das Wasser und die Luft zu reinigen. Bisher liegen noch keine praktischen Arbeiten oder Studien in dieser Richtung vor: etwa Häuser für Pflanzen, in denen auch Menschen leben können oder leben möchten, oder künstliches Licht für Pflanzen, von dem auch die Menschen einen Nutzen haben. Zum Beispiel: Licht wird auf die Pflanzen gerichtet, die Menschen empfangen das Licht indirekt durch das Laubwerk.

HUNDERTWASSER

wird am 15. Dezember 1928 als Friedrich Stowasser in Wien/Österreich geboren, stirbt am 19. Februar 2000 an Bord der Queen Elizabeth 2 im Pazifischen Ozean, und liegt in seinem Garten im Kaurinui-Tal/Neuseeland unter einem Tulpenbaum. Sein gestalterisches Werk in Malerei, Architektur und angewandter Kunst kreist um Schönheit und die Lebensbedingungen des Menschen zwischen Behausung und Natur. Seine Gestaltungen reichen vom Gebäudeensemble bis zu den Dingen des täglichen Lebens und Objekten wie Fahnen, Nummerntafeln oder Briefmarken. Die weltberühmten, organisch-vegetabilischen Formen seines bildnerischen Werkes finden Entsprechung im naturverbundenen Denken seiner Texte. In ihnen wies er bereits früh auf die erheblichen Nebenwirkungen des industriellen Fortschritts hin und trat gegen die Entzweiung von Mensch und Natur ein; seine ökologischen wie urbanistisch-architektonischen Schriften arbeiten auf die Errichtung von Schönheitshindernissen zu. So schrieb er 1981: »Wir brauchen Schönheitshindernisse, / damit die Welt wieder größer und schöner wird / und damit unser Leben wieder einen Sinn bekommt. / Schönheitshindernisse sind nichtreglementierte / Unregelmäßigkeiten. / Ein Baum ist das beste Schönheitshindernis / und der beste Garant gegen Elend und Tod.« 1983 schlug er einen bindenden Friedensvertrag zwischen Mensch und Natur vor. Die darin formulierten Prinzipien, etwa die Rückgabe von Territorien an die Natur, Toleranz von Spontanvegetation, Abfalllosigkeit und Harmonie mit den Gesetzen der Natur, hat er an seinen Wohnsitzen umgesetzt, sowohl in Neuseeland als auch in so altweltlichen Kontexten wie Venedig, wo er seit 1979 den Giardino Eden der freien Natur überlässt.

Die grüne Reihe

---

3 Hundertwasser Scheißkultur
2 Gärtnern mit Sprengstoff
1 Gilles Clément ABC

SUKULTUR

Die Arbeit an dieser Reihe wurde im Rahmen von NEUSTART KULTUR aus Mitteln der BKM von der VG Wort gefördert. Hierfür ergeht ein herzlicher Dank.

NEU START KULTUR

Die Beauftragte der Bundesregierung für Kultur und Medien

VG WORT

€ 3.00

ISBN 978-3-95566-144-1

Hundertwasser Scheißkultur Die grüne Reihe 3